JUBITZ
D1873212

WÖLFE

DANIEL WOOD

WÖLFE

KÖNEMANN

Copyright © 1994 by Whitecap Books Ltd.
Vancouver/Toronto

Originaltitel: Wolves

Produktion: Elizabeth McLean
Umschlaggestaltung: Steve Penner
Design: Margaret Ng
Titelfoto: Peter McLeod/First Light
Karten: Stuart Daniel

All rights reserved. No part of this publication may be reproduced, stored in a retrieval system, or transmitted in any form or by any means, electronic, mechanical, photocopying, recording or otherwise, without prior written permission of the publisher.

Die in diesem Buch gegebenen Informationen sind nach bestem Wissen und Gewissen wahr und vollständig. Alle Angaben sind ohne Gewähr.

© 1997 für die deutsche Ausgabe
Könemann Verlagsgesellschaft mbH
Bonner Straße 126, D-50968 Köln

Übersetzung: Beate Felten
Redaktion und Satz: Dr. Jörg Meidenbauer Verlagsbüro, München
Herstellungsleiter: Detlev Schaper
Druck und Bindung: Sing Cheong Printing Co., Ltd.

Printed in Hong Kong

ISBN 3-89508-574-X

Weit entfernt, auf der anderen Seite des Tanana, ein oder zwei Meilen südlich von uns, sang ein Rudel Wölfe. Ich sage bewußt singen und nicht heulen, denn es klang wie ein Lied. Wir konnten drei, vielleicht sogar vier Stimmen unterscheiden. Zitternd zuerst, dann lauter werdend, einander antwortend, bis schließlich alle zu einem wirren Chor verschmolzen. Dann erstarben die Stimmen und hallten als fernes Echo über den zugefrorenen Fluß, um kurz darauf erneut einzusetzen. Es blies ein schwacher, unsteter Wind, und der Gesang schwoll an und verhallte wieder, während er zu uns getragen oder nach Süden fortgeweht wurde. Genausogut hätte er 1000 Jahre über Eis und windgepeitschten Schnee aus einer anderen Zeit herüberklingen können, wie uns das Licht eines Sterns erreicht, dessen Quelle längst erloschen ist.

John Haines in:
The Stars, The Snow, The Fire

VORHERGEHENDE SEITE:

Ein Wolfsrudel wird von zwei dominanten Wölfen angeführt, die man in der Fachsprache als Alpha-Männchen und Alpha-Weibchen bezeichnet. Das Rudel hält sich in einem genau festgelegten Territorium auf, dessen Grenzen das dominante Männchen regelmäßig kennzeichnet, indem es auffallende Stellen wie Bäume und Steine mit Urinspritzern oder dem Duft seiner Duftdrüsen markiert. Die Größe des Territoriums variiert je nach Nahrungsangebot und Beschaffenheit des Geländes. Auf Vancouver Island beispielsweise gibt es Rehe im Überfluß, so daß ein zehnköpfiges Wolfsrudel dort nur über ein Jagdgebiet von 60 Quadratkilometern verfügt. Im Norden Michigans benötigt ein gleich großes Rudel möglicherweise ein zehnmal größeres Territorium, und im Norden Albertas kontrolliert es vielleicht ein Gebiet von bis zu 1300 Quadratkilometern.

INHALT

EINFÜHRUNG

IN DER NATUR ERFOLGREICH, IN DER GESCHICHTE VERDAMMT: VOM JÄGER ZUM GEJAGTEN

Als gelbäugiges, erbarmungsloses, blutrünstiges Schattenwesen umkreist der Wolf die Welt des Menschen, haust in den Kiefernwäldern jenseits des Feuerscheins und geistert als dunkle Macht durch uralte Mythen. Es ist kaum verwunderlich, daß der Mensch seit Jahrtausenden eine Art Haßliebe zu diesem Raubtier hegt, denn der Wolf hat mit ihm nicht nur dasselbe Territorium geteilt, er ist ihm in vielen Punkten auch recht ähnlich. Mit Ausnahme seines Todfeindes, des Homo sapiens, ist der Grauwolf (Canis lupus) das Säugetier mit dem größten Verbreitungsgebiet. Schon vor 12 000 Jahren erkannten unsere Vorfahren im Nahen Osten sein ausgeprägtes Sozialverhalten und begannen, ihn zu domestizieren, und machten ihn damit zum Urahn aller 120 heutigen Hunderassen. Die Ergebenheit des Wolfes seinem Rudelführer gegenüber, seine zärtliche Fürsorge bei der Aufzucht der Jungen, seine geschickte Jagdtechnik, sein poetisches Heulen, selbst seine blutdürstige Natur – manchmal tötet er nur um des Tötens willen – erscheinen wie ein Spiegelbild der primitiven Seiten des Menschen.

VORHERGEHENDE SEITE, LINKS: *Wölfe können sehr liebevoll miteinander umgehen. Zwischen den Rudelmitgliedern bestehen ständige Körperkontakte. Da die meisten Rudel sich fast ausschließlich aus Mitgliedern einer einzigen großen Familie zusammensetzen (Eltern, Tanten und Onkel, Halbgeschwister und Welpen), ist der Zusammenhalt sowohl genetisch als auch verhaltensmäßig bedingt.*

VORHERGEHENDE SEITE, RECHTS: *Ein weiblicher Timberwolf wiegt etwa 35 Kilogramm, ein männlicher etwa 40 Kilogramm. Dank seiner langen Beine und breiten Pfoten ist der Wolf in der Lage, seine Beute selbst durch tiefen Schnee und sumpfige Tundra zu jagen.*

Deshalb bevölkert der Wolf wohl auch so viele Märchen und Mythen der nördlichen Hemisphäre. Überall ist Canis lupus zu finden: auf 20 000 Jahre alten Höhlenzeichnungen in Südeuropa, in Berichten mesopotamischer Bauern, die vor 7000 Jahren verfaßt wurden, in der Dämonologie des frühen Christentums, in mittelalterlichen Geschichten von Werwölfen und in Schauermärchen wie „Rotkäppchen" oder „Der Wolf und die sieben Geißlein". Im Laufe der Zeit verfestigte sich sein fataler, jedoch völlig unverdienter Ruf als Inkarnation des Bösen immer mehr. Diese Fehleinschätzung ist größtenteils das Werk bäuerlicher Kulturkreise in Europa, die nach einer Rechtfertigung für die Vernichtung eines Raubtieres suchten, das gelegentlich Appetit auf ihre Haustiere verspürte.

In Nordamerika, wo die indianischen Jäger und Sammler keine domestizierten Vieh-, Ziegen- oder Schafherden kannten, wurde der Wolf geachtet und sogar verehrt. Er galt als stark und weise, als gebo-

LINKS: *Nachdem ihm Rancher und Farmer seit über 100 Jahren mit Gift und Waffen nach dem Leben getrachtet haben, ist der Rotwolf heute so gut wie ausgerottet. Nur in wenigen abgelegenen Teilen von Texas und Louisiana hat er überlebt. Obwohl immer wieder darüber diskutiert wird, ihn in einigen Gebieten im Südwesten der USA, in denen er früher gelebt hat, wieder einzubürgern, machen nach wie vor existierende Vorurteile gegen das Tier dies unwahrscheinlich. Versuche, den Rotwolf im amerikanischen Südosten wieder anzusiedeln, haben leider nur mäßigen Erfolg gezeigt.*

rener Jäger, sogar als Lehrer, dessen Jagdtechniken der Mensch nachahmen und erfolgreich gegen Büffel und Karibus einsetzen konnte. Doch mit der Ankunft der europäischen Siedler im 17. Jahrhundert begann auch in Amerika die Ausrottung des Wolfes. Die Tatsache, daß der Wolf im Laufe der letzten 300 Jahre sowohl in Europa als auch in fast allen amerikanischen Bundesstaaten gänzlich ausgerottet wurde, ist auf die Macht der bäuerlichen Gemeinschaften zurückzuführen, die immer wieder neue Mythen und Gesetze erfanden gegen die imaginäre Bedrohung durch den „Großen Bösen Wolf", der an die Haustür klopft und nur darauf wartet, sämtliche Bewohner mit Haut und Haar zu verschlingen.

Tatsache ist, daß kein anderes Tier auf so unverdiente Weise dämonisiert und so gründlich mißverstanden wurde wie der Wolf.

Einst bevölkerten Wölfe den Großteil Nordamerikas – von den eisigen Inseln Kanadas bis zu den trockenen zerklüfteten Gebirgsregionen Zentralmexikos. Die einzigen Gebiete, in denen sie nie lebten, waren der südöstliche Zipfel der USA und die kalifornische und mexikanische Küstenregion. Innerhalb dieses riesigen Verbreitungsraumes paßte sich der Wolf den verschiedensten klimatischen und geographischen Bedingungen an und stellte sich auf eine Vielzahl von Beutetieren ein. Einige Wissenschaftler glauben, daß diese unterschiedlichen Bedingungen dazu führten, daß sich in Nordamerika 24 Untergruppen von Wölfen entwickelten. Andere gehen von einer sehr viel kleineren Zahl aus und sprechen von nur fünf Untergruppen.

Der Timber- oder Grauwolf der kanadischen Wälder ist der größte Vertreter der Caniden (hundeartigen Raubtiere), zu denen auch Kojote, Fuchs, Dingo und Schakal gehören. Der Grauwolf ist etwa 75 Zentimeter groß und zwei Meter lang und steht in fast allen Verbreitungsgebieten an der Spitze der Nahrungskette. Diese Stellung machen ihm im pazifischen Nordwesten nur Puma und Grizzly, in ark-

tischen Gebieten nur der Eisbär streitig. Das dichte grauweiße Fell des Timberwolfes, seine langen Beine und die beeindruckenden, zehn Zentimeter breiten Pfoten befähigen ihn, selbst auf gefrorenem Schnee Hirsche und Elche zu verfolgen.

Der kleinere Weißwolf oder Polarwolf, der in Nordkanada und Alaska vorkommt, ist dank seiner Tarnfarbe hervorragend in der Lage, in seinem Verbreitungsgebiet Moschusochsen- und Karibuherden zu jagen. Naturforscher berichten, daß er als einzige Wolfsart noch kein instinktives Mißtrauen gegenüber dem Menschen entwickelt hat. Geduldige Beobachter schildern sogar, wie verspielte Wolfswelpen einem Fotografen die Schnürsenkel aufzogen und ausgewachsene Wölfe an die Zeltpfosten der menschlichen Eindringlinge urinierten, um ihre Territorialansprüche geltend zu machen.

Der vom Aussterben bedrohte Rotwolf, der heute nur noch in entlegenen Gebieten von Louisiana und Texas vorkommt, ist der kleinste Vertreter der Wolfsfamilie. Er hat die recht ungewöhnliche Fähigkeit entwickelt, sich auf seinen dünnen Hinterbeinen aufzurichten, um auf der Suche nach Kaninchen und Ratten, Steppe und Sümpfe besser überblicken zu können. Der gräuliche Mexikanische Wolf, der in Trockengebieten vorkommt, steht kurz vor dem Aussterben. In freier Wildbahn gibt es inzwischen weniger als 40 Tiere.

Trotz aller Unterschiede, was äußere Erscheinung und Verbreitungsgebiet betrifft, sind sich die diversen Untergruppen, was Gruppenstruktur, Paarungsverhalten, Aufzucht der Jungen, Spielverhalten und Jagdtechniken angeht, recht ähnlich. Diese genauen Einzelheiten sind heute bekannt, da der Wolf aufgrund seiner langen und wechselvollen Beziehung zum Menschen wahrscheinlich das am meisten erforschte wildlebende Tier der Welt ist. Während der letzten 50 Jahre haben Wissenschaftler unzählige Stunden damit verbracht, das Verhalten des nordamerikanischen Wolfes detailliert aufzuzeichnen. Ganz allmählich wurden dabei die alten Vorstellungen und Vorurteile durch Informatio-

LINKS: *In der europäischen Mythologie und Geschichte wurde der Wolf oft als Antichrist und Inkarnation des Bösen dargestellt. In den 60er Jahren des 17. Jahrhunderts sollen in Südfrankreich zwei Wölfe, die als „Ungeheuer von Gévaudan" bekannt waren, angeblich fast 1000 Menschen getötet haben. Im Laufe der letzten vier Jahrhunderte wurde der Wolf in Europa fast völlig ausgerottet. Kleine Gruppen haben nur in den Bergen Spaniens, Frankreichs und Italiens und den Wäldern Finnlands überlebt.*

VORHERGEHENDE SEITE: *Ein kanadischer Grauwolf inspiziert das Ufer eines Teiches. In Kanada leben heute noch 60 000 Wölfe, die auf über 90 Prozent der gesamten Landfläche verteilt sind. Im US-Bundesstaat Alaska beträgt die Wolfspopulation etwa 6000 Tiere. In großen Teilen dieser Gebiete ist die Jagd auf Wölfe und das Aufstellen von Fallen jedoch immer noch erlaubt und stellen für die ansässige ländliche Bevölkerung nach wie vor eine wichtige Geldquelle dar.*

nen ersetzt, die nicht auf Aberglauben und Angst basieren, sondern auf genauen Beobachtungen und Analysen.

Nur wenige Säugetiere weisen ein so hochentwickeltes Sozialverhalten auf und sind ihrer Gruppe so treu ergeben wie der Wolf. Im Gegensatz zum Kojoten und Fuchs lebt der Wolf einzig und allein für sein Rudel. Der berühmte „einsame Wolf" ist die seltene Ausnahme. Meist handelt es sich dabei um schwache Tiere, Außenseiter oder Ausgestoßene. Ein solcher Einzelgänger muß manchmal zwischen zehn und 1000 Kilometer zurücklegen und vorsichtig die Territorien fremder Rudel durchqueren, bis er endlich eine Gefährtin findet, mit der er sein eigenes Rudel gründen kann. Doch für die meisten Wölfe beginnt und endet das Leben in einer festen sozialen Gruppe, einem Rudel von acht bis 15 Tieren. Die Rangordnung ist allen Mitgliedern bekannt und wird immer wieder durch kleine Gefälligkeiten, Rituale, Zurechtweisungen und Kämpfe aufrechterhalten. Rudelführer sind das sogenannte Alpha-Männchen und das Alpha-Weibchen. Die übrigen, rangniedrigeren Mitglieder sind meist direkte Nachkommen des Alpha-Paares, so daß das Rudel im Grunde aus einer einzigen großen Familie besteht. Einige rangniedrige Wölfe helfen bei der Fütterung und Aufzucht der Welpen, die jedes Jahr im Frühling geworfen werden. Gejagt wird stets gemeinsam. Die Rudelmitglieder pflegen engen Körperkontakt, ruhen zusammen aus und heulen oft auch gemeinsam. Ihren Anführern demonstrieren sie jeden Tag aufs neue mit ritualisierten Verhaltensweisen ihre Ergebenheit.

Die Fähigkeit zu einem komplexen Zusammenleben innerhalb einer Gruppe unterscheidet den Wolf von den meisten anderen nordamerikanischen Tieren. Rangniedrige jüngere Wölfe verneigen sich buchstäblich vor den Alpha-Tieren und demonstrieren so ihre Unterwürfigkeit. Im Gegensatz zu den dominanten Rudelführern, die mit erhobenem Bein urinieren, nehmen viele rangniedrige Wölfe eine Hockstellung ein, um die Verteilung ihrer Duftmarkierungen möglichst gering zu halten. Bei den

meisten Rudeln fungiert regelmäßig ein schwächeres Tier als „Babysitter“, hilft bei der Beaufsichtigung der Welpen und bleibt häufig hungrig zurück, während die Alpha-Eltern gemeinsam jagen. Beim Angriff auf große Beutetiere wenden Wölfe eine Vielzahl von Gruppenstrategien an. Sie werden von den Alpha-Tieren eingeleitet, die durch Lautäußerungen, Mienenspiel und Körpersprache ständig mit den anderen Rudelmitgliedern kommunizieren.

Eine andere Aufgabe des Rudels besteht darin, das Territorium gegen fremde Eindringlinge zu schützen. Die starke Bindung an ein bestimmtes Gebiet kann über mehrere Generationen erhalten bleiben. Die Grenzen werden streng bewacht und durch regelmäßige Markierungsrituale alle 100 bis 200 Meter im Umkreis des Gebietes immer wieder gesichert. Die Größe eines Territoriums, normalerweise etwa 400 Quadratkilometer, hängt von der Dichte der Beutetierpopulation ab. Die Wölfe innerhalb dieses Gebietes betrachten das dortige Wild als „ihre“ Beute. Fremde Wölfe, die in das Revier eindringen, werden angegriffen und gelegentlich sogar getötet.

Untersuchungen haben ergeben, daß Wölfe am liebsten wildlebende Tiere fressen, wenn möglich Huftiere wie Hirsche, Rehe und Bergschafe. Sie reißen jedoch auch andere Beutetiere, beispielsweise Bisons, Seehunde, Biber, Bisamratten, Wühlmäuse, Wasservögel oder Fische, und fressen mitunter sogar Abfälle oder Beeren. Zum Verhängnis wurde dem Wolf jedoch sein schlechter Ruf als Mörder von Nutztieren.

Um die Jahrhundertwende gab es mehrere amerikanische Wölfe, die für ihre Vorliebe für Nutztiere berüchtigt waren und sogar Spitznamen hatten. Einer dieser Wölfe hieß „Old Lefty“ (er hatte in einem Schlageisen seine linke Pfote verloren) und erreichte in Colorado traurige Berühmtheit, weil er 1913 angeblich 384 Rinder gerissen haben soll. „Three Toes“, ebenfalls ein durch eine Falle verstümmelter Wolf, soll zu Lebzeiten Vieh im Werte von 50 000 Dollar getötet haben. Obwohl

LINKS: *Der Wolf hat die Fähigkeit entwickelt, auch unter den ungünstigsten klimatischen Bedingungen zu überleben. Diese Wölfe im hohen arktischen Norden müssen mehrere Wintermonate in ständiger Dunkelheit ertragen. Selbst im Februar kann die Temperatur auf –40 °C sinken. Andere Wölfe sind in den heißen Wüstengebieten oder feuchten Sümpfen der Golfküste zu Hause. Mit einem solchen Verbreitungsgebiet ist der Wolf, abgesehen vom Menschen, das wahrscheinlich anpassungsfähigste und erfolgreichste Raubtier der Erde.*

VORHERGEHENDE SEITE: *Grauwölfe waren einst über die halbe Erde verbreitet. Mit Ausnahme von Zentralamerika, Nordafrika und Südostasien waren sie in der nördlichen Hemisphäre überall zu finden. Bis in prähistorische Zeiten verfügte unter den Säugetieren nur der Löwe über einen derart großen Lebensraum. Heute ist der Mensch das einzige Säugetier, das eine noch größere weltweite Verbreitung hat als der Wolf.*

es in Nordamerika noch keinen einzigen Bericht über den Tod eines Menschen durch Wölfe gegeben hat, führten auch hier die tiefverwurzelte Angst vor Wölfen und deren gelegentliche Übergriffe auf Viehherden zu der Überzeugung, daß man die reißenden Bestien nur durch radikale Vernichtung bezwingen konnte.

Zwischen 1630 und 1960 wurde infolge der voranschreitenden Besiedlung des Westens die Ausrottung der Wolfspopulation in Nordamerika systematisch betrieben. Zuerst wurden Wölfe, wie zuvor in Europa, von Farmern und Viehzüchtern getötet, sobald sie sich auf deren Weide- oder Ackerland wagten. Als man auch den Westen zu erschließen begann, berichteten die ersten Forschungsreisenden, daß es in den Great Plains genauso viele Wölfe wie Büffel gäbe. Farmer, Viehzüchter und Trapper folgten den Forschern und begannen einen verheerenden Vernichtungsfeldzug gegen den Wolf. Zweifellos hat auch die radikale Ausrottung ihrer natürlichen Beutetiere, etwa der Bisons in den Prärien und der Hirsche im Osten Kanadas, zum Verschwinden der Wölfe beigetragen. Übrigens war der Wolf nicht das einzige Raubtier, das der Mensch zum Aussterben verurteilte. Der Naturforscher Barry Lopez spricht von einem „amerikanischen Pogrom", dem Millionen von Raubtieren zum Opfer fielen – vom Schwarzfußiltis, der immer noch vom Aussterben bedroht ist, bis hin zum Weißkopf-Seeadler, dem Wappenvogel der Vereinigten Staaten.

Wo gezielte Bejagung nicht zur Vernichtung der Wölfe führte, versuchte die Regierung, mit Prämienzahlungen das Massenschlachten voranzutreiben. 1909 erhielten Trapper in British Columbia für jeden erlegten Wolf zweieinhalb Dollar „Kopfgeld". 1949 waren die Prämien bereits auf 40 Dollar gestiegen. In anderen Gebieten verhielt es sich ähnlich. Ihren Höhepunkt erreichte die Wolfsjagd Ende der 40er Jahre, als in Kanada jährlich 10 000 Wölfe gegen Belohnung getötet wurden. Das Prämiensystem wurde in einigen Gebieten noch durch die Massenvergiftung von Wölfen ergänzt. Ran

LINKS: *Gordon Haber, ein Biologe aus Alaska, vergleicht das Töten eines dominanten ausgewachsenen Wolfes mit der Ermordung eines angesehenen Stammesältesten in einem menschlichen Clan. Beraubt man eine Gruppe der Quelle ihres Wissens (bei Wölfen ist es das Wissen um Höhlen, Wanderpfade, Jagdstrategien und das soziale Verhalten des Rudels), bleiben die Überlebenden orientierungslos zurück.*

cher in Texas legten mit Zyanid oder Strychnin versetzte Fleischbrocken aus, und Trapper im kanadischen Yukon Territory lockten die Tiere mit vergifteten Kadavern.

Der Vernichtungskampf gegen die nordamerikanische Wolfspopulation fand schließlich um 1960 ein Ende. Doch zu diesem Zeitpunkt war der Wolf bereits in fast der Hälfte seiner ursprünglichen Verbreitungsgebiete ausgerottet. Außer in winzigen Enklaven im Süden der USA und in Mexiko haben Wölfe nur noch im nördlichen Minnesota überlebt, wo es heute noch etwa 1200 Timberwölfe gibt. In fast allen Bundesstaaten gibt es praktisch keine Wölfe mehr. Nur im Norden, in der Nähe der kanadischen Grenze, leben noch etwa 100 Exemplare. Eine imaginäre Linie, die Kanada von Ost nach West 50 bis 100 Kilometer nördlich der Grenze zu den USA durchzieht, bildet in etwa die Südgrenze des verbliebenen Lebensraums der wohl größten überlebenden Wolfspopulation der Welt, etwa 60 000 Tiere. Auch in Alaska gibt es noch etwa 6000 Wölfe.

Während der letzten Jahrzehnte hat sich das Ansehen des Wolfes in der Öffentlichkeit so grundlegend geändert, daß der langsame Niedergang der Wolfspopulation aufgehalten werden konnte. Teilweise ist dies auf die späte Erkenntnis zurückzuführen, daß der Wolf in den USA unmittelbar vor dem Aussterben stand. Ein sorgsamerer Umgang mit den natürlichen Beutetieren des Wolfes sowie die Abschaffung von Prämienzahlungen und Giftködern haben inzwischen dazu geführt, daß sich Canis lupus in einigen Gebieten, aus denen er bereits verschwunden war, wieder ansiedeln konnte. Mit Ausnahme des Mexikanischen Wolfes nehmen die Bestände aller verbliebenen Unterarten in Nordamerika heute wieder zu.

Noch folgenreicher als die verbesserte Pflege der Wildbestände und die veränderte Gesetzgebung ist das neue Wolfsbild der Öffentlichkeit. Heute ist der Wolf eine moderne Metapher für unberührte Natur. Menschen, die den Wolf am besten kennen, wie Forscher, Indianer, Trekking-Fans,

VORHERGEHENDE SEITE: *Die Welt der Wölfe ist geprägt von vielfältigen Zeichen und Gesten, wie Lekken, Berührungen mit der Schnauze oder der Pfote, Beschnüffeln und Aneinanderdrängen der Körper. Jedes Rudel hat seine eigene stabile Hierarchie. Wie Höflinge an einem mittelalterlichen Hof ihrem Herrscher huldigten, so vollführen rangniedrige Wölfe Unterwerfungsrituale vor ihren dominanten Rudelmitgliedern, indem sie sich vor ihnen verneigen und sie lecken.*

RECHTS: *Wie in einer menschlichen Gemeinschaft gibt es auch in einem Wolfsrudel gelegentlich Mitglieder, die nicht in die Gemeinschaft passen. Manchmal wird das schwächste Tier im Rudel, der Verlierer eines Kampfes oder ein junger, besonders aggressiver Rüde, ausgestoßen und vertrieben. Ähnlich wie ein menschlicher Außenseiter ist der einsame Wolf gezwungen, allein in unbekannte Gefilde aufzubrechen. Dabei muß er oft riesige Strecken zurücklegen, bis er endlich eine neue Heimat findet.*

kehren aus den letzten dem Wolf noch verbliebenen Rückzugsgebieten zurück und berichten von einem Wesen, das mit dem Ungeheuer aus den Schauergeschichten der Farmer und Siedler nichts gemein hat. Wolfskenner sind immer wieder tief beeindruckt vom liebevollen Umgang der Eltern mit den Welpen. Fütterung, Spiel und Erziehung der Welpen finden innerhalb des Rudels gemeinsam mit älteren Geschwistern statt. Auch die hochentwickelte und hartnäckige Art des Rudels, Beute aufzuspüren und zu überwältigen, ist bemerkenswert. Obwohl der Wolf jahrhundertelang als Viehräuber verfolgt wurde, weiß man heute, daß es in Wirklichkeit nur selten zu solchen Übergriffen kommt. In einer Untersuchung, die 1981 in Minnesota durchgeführt wurde, kam man zu dem Ergebnis, daß Wölfe im betreffenden Jahr aus einem Gesamtbestand von 300 000 Nutztieren nur 110 Schafe und 30 Rinder gerissen hatten.

Menschen, die mit Wölfen zusammengelebt haben, sind immer wieder fasziniert vom ausgeprägten Sozialverhalten innerhalb des Rudels. Ständig bleiben die Rudelmitglieder miteinander in Körperkontakt, lecken sich gegenseitig die Schnauzen, beschnüffeln sich, reiben ihre Körper aneinander, messen spielerisch ihre Kräfte, helfen verletzten Rudelmitgliedern und beschützen die Welpen. Ebenso beeindruckt sind sie von der erstaunlichen Orientierungsfähigkeit dieser Tiere, der sorgfältigen Markierung der Wanderpfade, der vehementen Verteidigung der Territorialgrenzen und ihrer großen Ausdauer. Wölfe legen täglich weite Strecken zurück, bevor sie zu ihrer Höhle zurückkehren. Wenn nachts in den letzten Wolfsgebieten das unheimliche Heulkonzert beginnt, spürt man, daß die Dunkelheit noch immer ihre Geheimnisse birgt. Die einsame Klage der Wölfe, bei der zuerst nur eine Stimme, dann eine zweite und schließlich der ganze Chor das schwermütige Lied anstimmt, erinnert den Menschen daran, wie gefährdet seine letzten freilebenden Mitgeschöpfe sind, und läßt ihn die unergründlichen Mysterien der Natur ahnen.

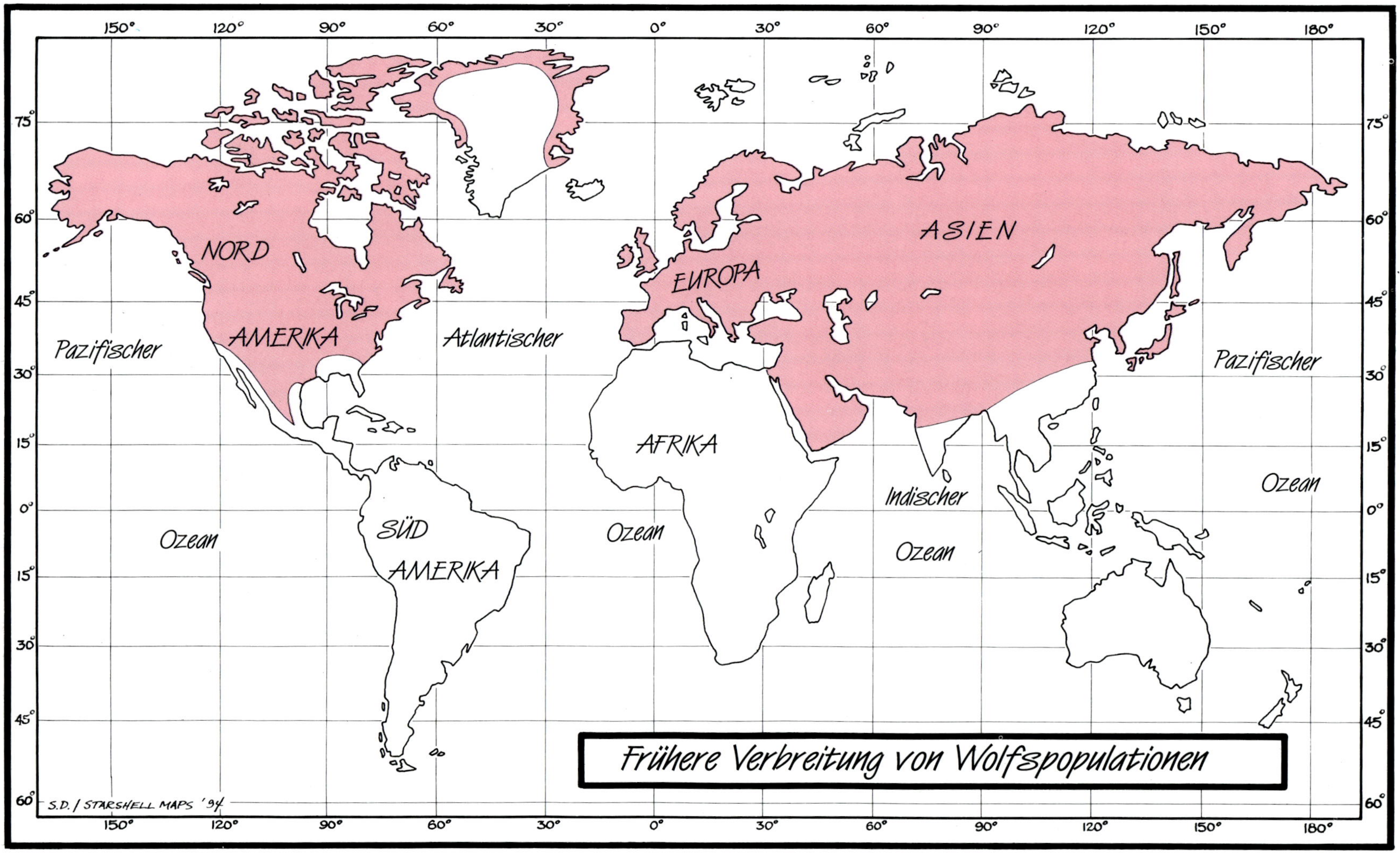
NORD
AMERIKA
EUROPA
ASIEN
AFRIKA
SÜD
AMERIKA
Pazifischer
Ozean
Atlantischer
Ozean
Indischer
Ozean
Pazifischer
Ozean
Frühere Verbreitung von Wolfspopulationen
S.D. / STARSHELL MAPS '94
150° 120° 90° 60° 30° 0° 30° 60° 90° 120° 150° 180°
75° 60° 45° 30° 15° 0° 15° 30° 45° 60°

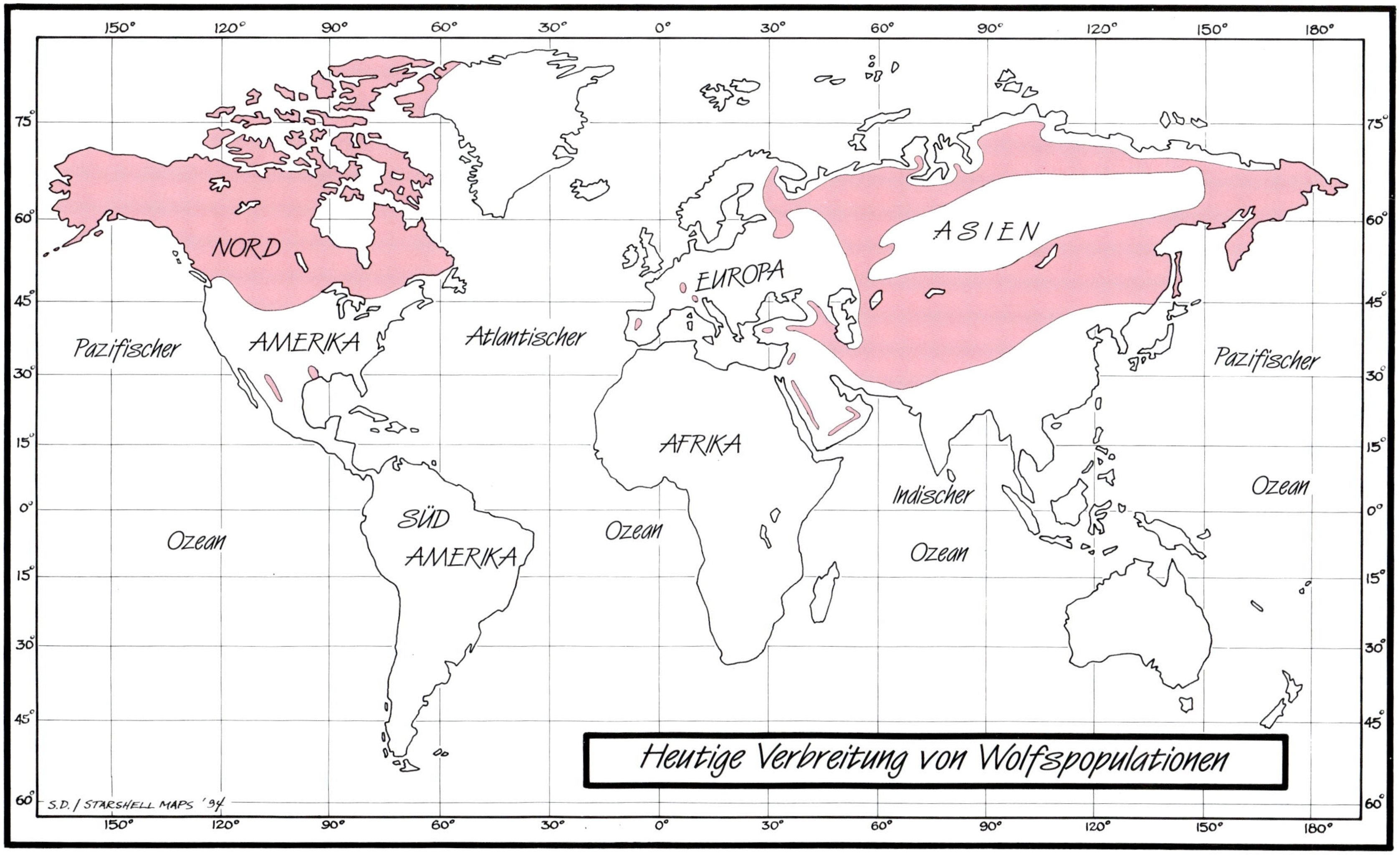
Heutige Verbreitung von Wolfspopulationen
NORD
AMERIKA
SÜD
AMERIKA
EUROPA
ASIEN
AFRIKA
Pazifischer
Ozean
Atlantischer
Ozean
Indischer
Ozean
Pazifischer
Ozean
S.D. / STARSHELL MAPS '94
150°
120°
90°
60°
30°
0°
30°
60°
90°
120°
150°
180°
75°
60°
45°
30°
15°
0°
15°
30°
45°
60°

LINKS: *Wenn die Schneegrenze im Herbst bis zu den kiesbedeckten, weidengesäumten Flußbetten der Arktis sinkt, verfolgen die Wölfe im Norden ihre Lieblingsbeute, die Karibus, über riesige Strecken. Diese karibujagenden Wölfe sind die einzigen, die kein festes Territorium besitzen, sondern den wandernden Herden folgen.*

RECHTS: *Bei nordamerikanischen Wölfen variieren die Größe, Färbung, Ernährung und Zahl der Rudelmitglieder enorm. Der Polarwolf besitzt häufig ein gräulichweißes Fell. Die Färbung des Timberwolfes reicht in vielen Teilen Kanadas und im nördlichen Minnesota von Glänzend-Schwarz über Grau bis hin zu Gelbbraun. Der Rotwolf und der Mexikanische Wolf weisen besonders im Bereich der Ohren und Hinterbeine eine kastanienbraune Färbung auf.*

OBEN: *Nach der Ankunft der ersten europäischen Siedler in Nordamerika wurden Wölfe dämonisiert und gnadenlos verfolgt. Um 1850 waren sie fast im gesamten Nordosten ausgerottet. Bis 1900 waren sie mit Ausnahme des nördlichen Minnesota aus dem Mittleren Westen völlig verschwunden. Bis 1950 hatte man sie fast im ganzen Westen der Vereinigten Staaten vernichtet.*

OBEN: *Ein Grauwolf stellt mit gespitzten Ohren am Rand einer von Wäldern umgebenen Wiese seiner Beute nach. Wenn er nicht schläft oder mit seinen Rudelmitgliedern beschäftigt ist, streift ein Wolf rastlos umher und legt auf der Suche nach Nahrung oft bis zu 25 Kilometer am Tag zurück.*

RECHTS: *Die nördlichen Wälder Kanadas sind die Heimat der weltweit größten verbliebenen Wolfspopulation. Hier gibt es noch Rehe, Hirsche, Elche und zahlreiche kleinere Tiere wie Biber und Gänse im Überfluß. Die riesigen Wälder bieten den Wölfen genügend Nahrung und Schutz vor menschlichen Jägern, so daß im Gegensatz zu allen anderen Regionen die Wolfspopulation in Kanada noch nie vom Aussterben bedroht war.*

LINKS: *Wenn sich im September das Riedgras der arktischen Tundra honiggelb verfärbt und die Weidenröschen zu welken beginnen, bricht für den Wolf eine schwere Zeit an, in der kaum noch Beute zu finden ist. Doch nicht nur für den Wolf sind die Lebensbedingungen jetzt extrem hart, der nahende Winter gefährdet die meisten wildlebenden Tiere Nordamerikas. Besonders schwache und junge Tiere haben oft keine Überlebenschance.*

OBEN: *Der Wolf ist ein geschickter Jäger, der seine Beute mit Hilfe seines hervorragenden Geruchssinns aufspürt und schnell genug ist, sie über lange Strecken zu verfolgen. Er kann einen halben Tag an einem Stück mit einer Geschwindigkeit von acht Stundenkilometern laufen. Bei kurzen fünf- bis zehnminütigen Sprints erreicht er sogar eine Geschwindigkeit von 65 Stundenkilometern. Oft verfolgt er Huftiere wie Rehe und Hirsche so lange, bis sie erschöpft aufgeben, bevor er sie schließlich angreift.*

LINKS: *Die Blutspuren auf der Schnauze dieses Wolfes, die von einem vor kurzem gerissenen Beutetier stammen, haben eine Fliege angelockt. Wie sein Verwandter, der Hund, wälzt sich auch der Wolf gern in für uns übelriechenden Substanzen und findet anscheinend Gefallen am Geruch von altem Blut, Exkrementen oder Verwesung.*

LINKS: *Wenn sich in den Rocky Mountains der Winter ankündigt, bricht für den Wolf genau wie in allen anderen Teilen Nordamerikas auch hier eine schwere Zeit an, die viele Entbehrungen und vielleicht sogar den Tod bringt. Die Nahrung wird immer knapper, und viele junge und schwache Tiere überleben die zunehmende Kälte nicht. Einige Indianer glauben, daß die Rufe der einsamen Wölfe von den Seelen verstorbener Menschen stammen, die versuchen, auf die Erde zurückzukehren.*

OBEN: *Das rituelle Markieren der Territorialgrenzen und Wanderpfade gehört zum täglichen Leben eines Wolfes. Der ausschließliche Anspruch eines Rudels auf ein bestimmtes Gebiet bleibt oft über Generationen hinweg erhalten und wird durch Duftmarkierungen gegen rudelfremde Artgenossen verteidigt. Wenn nötig, werden Eindringlinge auch angegriffen oder sogar getötet. Dieser Wolf reibt seine Lippen und Wangen an einem Baum, um andere Wölfe zu warnen, daß sie „fremdes" Territorium betreten haben.*

RECHTS: *Mit den ersten Frösten Ende August verändert sich die arktische Tundra auf dramatische Weise. Büsche und Bäume beginnen mit einem Mal wie von einem inneren Feuer erfüllt zu glühen. Das Laub verfärbt sich in den unterschiedlichsten Rot-, Lila- und Kupfertönen. Dieser Wolf sitzt mitten im herbstlichen Farbenmeer und wartet darauf, daß sich ein kleines Beutetier durch seine Bewegungen verrät.*

OBEN: *In der vereisten Einöde von Ellesmere Island im Norden Kanadas, weniger als 1000 Kilometer vom Nordpol entfernt, sucht ein Rudel Polarwölfe im Licht eines endlosen Sommertages nach Beute. Wenn die Tiere großes Glück haben, spüren sie vielleicht eine Herde Moschusochsen auf. Wenn sie Pech haben, finden sie nur ein Kaninchen. Untersuchungen haben ergeben, daß Wölfe im Notfall mehrere Tage oder sogar Wochen, im Extremfall sogar einen Monat lang, ohne Futter auskommen können.*

LINKS: *Gelegentlich töten Wölfe auch Artgenossen. Manchmal führt sogar ein Kampf innerhalb des Rudels zu tödlichen Verletzungen. Häufiger kommt es allerdings vor, daß ein Einzelgänger, wie diese Timberwölfin, von einem Rudel angegriffen wird, das sein Territorium gegen den Eindringling verteidigt.*

LINKS: *Der kanadische Wolfexperte John Theberge schrieb einmal: „Der Wolf hat allen Grund, den Menschen zu fürchten. Der Mensch fürchtet den Wolf, weil er ihn falsch versteht." Erst während der letzten 35 Jahre konnte sich die Grauwolfpopulation in Nordamerika stabilisieren. In der letzten Zeit gab es sogar erste Anzeichen für wachsende Bestände in einigen Gebieten im Norden der Vereinigten Staaten.*

OBEN: *Zum Vokabular der Wölfe gehören Fiepsen und Quäken, Winseln, Bellen, Jaulen, Knurren, Zähnefletschen und natürlich Heulen. Wölfe heulen meist gemeinsam im Chor und geben minutenlang eine ganze Skala von langgezogenen Tönen und Oktaven durch. Forscher berichten, daß einsame Wölfe auch aus Trauer über den Tod eines Gefährten heulen. Der allgemein verbreitete Glaube, daß Wölfe den Mond anheulen, entspricht übrigens nicht der Wahrheit.*

SOZIALES VERHALTEN

DER MIT DEM WOLF TANZT: EIN JAHR IM LEBEN EINES RUDELS

In den Wäldern des südtexanischen Tieflandes, wo Amberbäume zwischen den Bächen wachsen, die in den Fluß Sabine münden, scheint es auf den ersten Blick keine Wölfe zu geben. In den mückenverseuchten, langsam nachwachsenden Wäldern der Isle Royale, die wie ein Auge im wolfskopfförmigen Lake Superior ruht, gibt es zwischen den Kiefern und Zitterpappeln an den Ufern der Flüsse zwar zahlreiche Rehe, doch auch hier läßt nichts auf die Anwesenheit von Wölfen schließen. Auch in der kanadischen Provinz Yukon, wo sich die Weiden an den Hängen der Ogilvie Mountains beim ersten Septemberfrost silberweiß verfärben, sind nirgends Wölfe zu sehen.

Und dennoch gibt es sie. In Texas leben ein paar Hundert, auf der Isle Royale ein paar Dutzend, in Yukon sogar ein paar Tausend. Doch die Gemeinschaft der Wölfe bevorzugt die Wildnis, riesige Territorien, weit weg von der gefährlichen Nähe des Menschen. Der Wolf ist eines der scheuesten wildlebenden Großtiere Nordamerikas und läßt sich nur selten blicken. Er jagt am liebsten im Zwielicht des frühen Morgens und in der abendlichen Dämmerung und schläft während der Mittagsstun-

VORHERGEHENDE SEITE, LINKS:
Daß dieser kleine Grauwolf noch sehr jung ist, sieht man an seinen großen Pfoten und dem flauschigen Fell.

VORHERGEHENDE SEITE, RECHTS:
Etwa zwei Wochen, bevor die trächtige Wölfin wirft, gräbt sie eine Höhle, häufig an einer höhergelegenen Stelle, die einen guten Rückzug ermöglicht und eine sichere Umgebung garantiert. Felsspalten, Baumstümpfe, sandige Abhänge oder Steinhaufen werden besonders bevorzugt. Ein 60 Zentimeter breiter Tunnel führt in den geräumigen unterirdischen Bau. 63 Tage nach der Befruchtung wirft die Wölfin meist sechs bis elf Welpen. Einige Höhlen werden seit über 100 Jahren immer wieder von Wölfen bewohnt.

den. Als man vor zehn Jahren einmal Besucher des Isle Royale Nationalparks befragte, hatte kaum mehr als ein Dutzend von 15 000 Personen Wölfe gesehen.

Die meisten Menschen, die in die entlegenen Rückzugsgebiete der letzten Wölfe vordringen, bekommen die scheuen, geheimnisvollen Tiere gar nicht erst zu Gesicht. Sie hören höchstens von fern ihren klagenden Gesang. Wölfe heulen zwar nicht den Mond an, doch das Pfeifen eines vorbeifahrenden Zuges, der Ruf eines Eistauchers oder das weit entfernte Brummen einer Kettensäge können sie durchaus zum Heulen animieren. Meist heult ein Wolfsrudel jedoch vor Glück oder in nervöser Erwartung, fällt in den Gesang eines Mitglieds ein, das eine frisch gerissene Beute feiert, antwortet den Rufen eines verirrten Tieres oder reagiert auf das drohende Heulen eines fremden Rudels, das in der Nähe umherstreift. Jedes Rudel hat seinen eigenen, unverwechselbaren Gesang, wobei die einzelnen Wölfe miteinander harmonisieren wie die Mitglieder eines schwermütigen Gesangvereins. Das seltsame langgezogene Jaulen dauert meist zwischen ein bis fünf Minuten und ist in stillen Nächten in der baumlosen arktischen Tundra oft über eine Entfernung von bis zu 250 Quadratkilometern zu hören.

LINKS: *Schon bald beherrschen die jungen Wölfe die ganzen Feinheiten der Rudelsprache. Da sie unweigerlich rangunterlegen sind, müssen sie die Mimik und Körpersprache der Unterwerfung lernen. Das Maul mit den spitzen Zähnchen wird geschlossen und der Körper nahe am Boden gehalten. Die Beine werden leicht eingeknickt und der Schwanz zwischen die Beine geklemmt, so daß es aussieht, als würden sie kriechen. Ohren und Nackenhaare sind flach angelegt, die Augen zu Schlitzen verengt, und der Blick wird von den dominanten Altwölfen abgewandt.*

Das Heulen mag zwar die bekannteste Lautäußerung des Wolfes sein, spielt im Kommunikationssystem der Tiere jedoch wahrscheinlich keine sehr wichtige Rolle. Wie die meisten Raubtiere lebt der Wolf nämlich in einer Welt, die hauptsächlich von Gerüchen geprägt ist. Die zwanghaften Duftmarkierungen verbinden die Rudelmitglieder durch den Geruchssinn miteinander. Wölfe verspritzen ihren Urin auf Baumstümpfe, Felsen, Beuteplätze und an Gabelungen von Waldpfaden und markieren mit ihren Duftdrüsen Baumstämme, gerissene Beutetiere und andere Rudelmitglieder. Genau diese Gerüche veranlassen Eindringlinge normalerweise sofort, sich schleunigst zurückzuziehen.

Die Hierarchie innerhalb des Rudels wird nicht nur durch olfaktorische (geruchsbedingte) Signale vermittelt, sondern auch durch Körperhaltung und Mienenspiel der Tiere. Welpen lernen schon sehr früh, daß Unterwerfung durch eine ganz bestimmte Demutshaltung ausgedrückt wird. Dabei hält das Tier den Kopf gesenkt, die Augen abgewandt, die Ohren flach angelegt und das Maul geschlossen. Im Gegensatz dazu bedeuten Zähnefletschen, Fixieren des Gegners, Aufstellen der Ohren und Sträuben der Nackenhaare, daß Vorsicht geboten ist oder sogar ein Kampf bevorsteht. In der Gemeinschaft der Wölfe sind Mienenspiel, Körpersprache und Duftmarkierungen ritualisiert. Sie werden von allen verstanden und dienen dem Zusammenhalt des Rudels.

Dieser Zusammenhalt wird in den späten Wintermonaten mit Beginn der Ranzzeit jedes Jahr erneut auf eine harte Probe gestellt. Wenn die dominante Wölfin des Rudels, in der Fachsprache Alpha-Weibchen genannt, läufig wird, sind Kämpfe an der Tagesordnung. Die männlichen Tiere, allen voran das dominante Alpha-Männchen, beschnüffeln, verfolgen und bedrängen die läufige Wölfin, in der Hoffnung, erhört zu werden. Die Alpha-Wölfin muß währenddessen ihre Autorität in der Gruppe durch Kämpfe mit rangniedrigen Wölfinnen behaupten. Es herrschen rauhe Sitten, Knurren und Heulen nehmen immer mehr zu. Wenn die Spannung ihren Höhepunkt erreicht, entschließt sich das

RECHTS: *Neun Grauwölfe haben sich zu einem winterlichen Heulkonzert versammelt, ein Verhalten, das besonders während der Ranzzeit für Wolfsrudel typisch ist. Ein Wolf beginnt zu heulen, indem er einen langgezogenen melodischen Jaulton ausstößt. Daraufhin fallen die anderen Rudelmitglieder ein, bis das Ganze wie ein melancholischer Kanon klingt. In den meisten Fällen stehen Wölfe beim Heulen, auch wenn sie traditionell fast immer sitzend dargestellt werden.*

VORHERGEHENDE SEITE: *Die Vorstellung, daß Wölfe einander ein Leben lang treu sind, entspricht nicht unbedingt der Wahrheit. So macht beispielsweise der Tod eines dominanten Wolfes eine neue Paarbildung unvermeidlich, und auch Kämpfe und Verletzungen können eine neue Hierarchie hervorbringen, wenn ein jüngeres Tier die dominante Rolle übernimmt. Normalerweise besteht zwar eine starke Bindung zwischen dem Alpha-Paar, doch das heißt nicht, daß Wölfe grundsätzlich monogam sind.*

dominante Paar in den meisten Fällen, seine lange Partnerschaft erneut zu besiegeln und sich zu paaren. Entgegen der weitverbreiteten Meinung sind Wölfe nicht unbedingt monogam. Sie wechseln gelegentlich den Partner, wenn auch nicht sehr häufig. In den meisten Rudeln, mit Ausnahme sehr großer Gruppen von 15 bis 20 Tieren, paaren sich die übrigen ausgewachsenen Tiere nicht und bleiben ohne Nachkommen.

Etwa 63 Tage nach der Befruchtung (die Tragzeit entspricht der des Hundes) werden die Welpen in einem unterirdischen Bau geworfen. In Texas ist es im Februar oder März soweit, in der arktischen Tundra oft erst im Juni. Während der ersten zwei Wochen sind die Jungen blind. Sie leben im Dunkeln und tun nichts anderes als saugen und schlafen. Nach etwa drei Wochen werden die Welpen von der Mutter in der Schnauze durch den Tunnel nach draußen getragen, um die Welt kennenzulernen. Jetzt beginnt eine neue Lebensphase außerhalb der Höhle. Feste Nahrung, die aus halbverdauten, ausgewürgten Fleischbrocken besteht, gehört mit zur Initiation der Welpen. Ältere Jungtiere helfen den Eltern. Sie passen auf die Kleinen auf, bringen Futter und dienen den einzigen Nachkömmlingen des Rudels als Spielgefährten und Klettergerüst.

Während die Welpen heranwachsen, werden sie immer weiter vom Bau weggeführt. Sie lernen die Pfade, Gerüche und potentiellen Beutetiere kennen und werden in die Jagdtechniken des Rudels eingeweiht. Schon bald verstehen sie das warnende Knurren und Zähnefletschen der Erwachsenen. Wissenschaftler haben beobachtet, wie ausgewachsene Wölfe zu jagen begannen und sich dann abrupt zurückzogen, um den Jungtieren das Feld zu überlassen und zu beobachten, wie geschickt sie das Beutetier einkreisten und wie gut sie seine Schwächen einschätzten.

Im Oktober sind die Welpen fast ausgewachsen und vollständig in das Rudelleben integriert. Einige bleiben ihr Leben lang im Rudel. Wölfe haben eine Lebenserwartung von etwa neun Jahren.

Andere sondern sich nach ein oder zwei Jahren ab und werden zu „einsamen Wölfen", die oft auf der Suche nach einem geeigneten Gefährten weite Strecken zurücklegen. Während dieser Zeit führen sie ein gefährliches Leben, denn als Eindringlinge können sie leicht von alteingesessenen Rudeln angegriffen oder sogar getötet werden.

Wenn der „einsame Wolf" Glück hat, trifft er auf einen zweiten Wolf, der ebenfalls auf der Suche nach einem Partner in der Nähe umherstreift und versucht, sich vor fremden Rudeln zu schützen. Nachdem in vielen Regionen die Prämienzahlungen abgeschafft wurden und Wölfe nicht mehr bejagt oder vergiftet werden dürfen, nehmen die Bestände in einigen Gebieten allmählich wieder zu, weil „einsame Wölfe", die einen Partner gefunden haben, ihre eigenen Rudel gründen. Außerdem haben die Regierungen einiger Staaten und Provinzen begonnen, Wolfsrudel in Naturschutzgebieten wieder anzusiedeln, in denen es keine Wölfe mehr gibt. Vielleicht wird Anfang des 21. Jahrhunderts nach vielen Jahrhunderten der Stille der klagende Gesang wildlebender Wölfe wieder über die dunklen Berge und weiten Ebenen Nordamerikas hallen.

LINKS: *Dieses dominante Alpha-Männchen beißt über die Schnauze eines rangniedrigeren Wolfes. Derartige Rituale festigen die Autorität des ranghöheren Tieres und verhindern Kämpfe. Das Drohverhalten erreicht jeden Winter seinen Höhepunkt, wenn die männlichen Rudelmitglieder um die Gunst des Alpha-Weibchens streiten.*

OBEN: *Wenn der Herbst dem Winter weicht und die Ranzzeit beginnt, werden die Rudelmitglieder zunehmend gereizter. Kämpfe sind jetzt an der Tagesordnung. Das aggressivste Tier ist normalerweise das dominante Alpha-Weibchen, dessen Angriffe auf rangniedrige Wölfe nicht selten zu Verletzungen führen. Das am Schwanzansatz sichtbare Blut deutet darauf hin, daß die dominante Wölfin (links) läufig ist. In den meisten Rudeln werfen nur die dominanten Weibchen.*

LINKS: *Dieses weiße Alpha-Männchen begattet seine graue Partnerin, während ein drittes, schwarzes Rudelmitglied sich ganz in der Nähe aufhält. Unterschiede in der Fellfärbung sind selbst in kleinen Rudeln nicht ungewöhnlich.*

RECHTS: *Trotz der heftigen Rangkämpfe während der Ranzzeit werden die bereits bestehenden Paarbindungen meist aufrechterhalten. Hier versucht ein Alpha-Männchen ein widerstrebendes Alpha-Weibchen durch Berührungen mit der Pfote in Stimmung zu bringen. Manchmal verhält sich auch das dominante Weibchen aggressiv und uriniert beispielsweise in der Nähe des dominanten Rüden, um ihn zur Paarung zu ermuntern.*

LINKS: *Die drei kleinen Polarwölfe interessieren sich brennend für das, was ihre Mutter vor kurzem gefressen hat. Das Bettelverhalten der Welpen wird schließlich mit einem halbverdauten Fleischbrocken belohnt, den die Mutter für sie auswürgt.*

OBEN: *Die Rudelhierarchie wird u. a. durch rituelles Zähnefletschen gefestigt. Diese Alpha-Wölfin demonstriert einer eingeschüchterten, jüngeren Wölfin unmißverständlich ihre Autorität. Manchmal arten diese Drohgebärden in richtige Kämpfe aus. Gelegentlich verliert die dominante Wölfin dabei sogar ihre Vormachtstellung. Das Rudel kann sie dann ausstoßen.*

OBEN: *Diese Timberwolfwelpen sind erst eine Woche alt und genauso verletzlich wie andere kleine Säugetiere. Sie haben ein flauschiges Fell, sind rundlich, hilflos und blind. Zwei Wochen lang können sie nichts sehen. Bis zum Ende des ersten Monats werden sie gesäugt und verbringen die ganze Zeit im Bau, wo sie nichts anderes tun als schlafen und an den Zitzen ihrer Mutter saugen.*

RECHTS: *Wenn sie fast ein Jahr alt sind, nehmen die Jungwölfe an allen Aktivitäten des Rudels teil und haben gelernt, wie sie sich höherrangigen Wölfen gegenüber zu verhalten haben. Hier demonstrieren zwei Jährlinge ihre Unterwürfigkeit, indem sie einen erwachsenen Wolf demütig lecken. Wenn die Kleinen heranwachsen, nehmen sie an den Jagdausflügen des Rudels teil.*

OBEN: *Die Mutter gewöhnt die Welpen langsam an feste Nahrung, indem sie nach Vogelmanier Fleischbrocken für die Kleinen auswürgt. Auch der Vater hilft bei der Aufzucht der Nachkommen, indem er auf die Welpen aufpaßt und sie füttert. Schon bald sehen die Kleinen wie richtige Wölfe aus. Die runden Öhrchen werden spitzer, die Schnauzen länger, die Beine höher.*

LINKS: *Wenn die Welpen größer geworden sind, werden sie langsam entwöhnt. Hier holt sich ein drei Wochen alter Timberwolf rasch ein wenig Stärkung bei seiner Mutter, bevor er weiter mit seinen Geschwistern herumtollt. Wolfswelpen sind sehr verspielt. Wenn sie ihre „wilde halbe Stunde“ haben, rennen sie umher, raufen, springen und jaulen, wedeln mit den kleinen Schwänzen, messen ihre Kräfte und lecken einander. Danach folgen ebenso intensive Schlafphasen.*

RECHTS: *Neben den blühenden Lupinen am Höhleneingang halten drei Wolfswelpen mitten am Tag ein Nickerchen. Hier draußen werden die Jungen in das Rudelverhalten eingeweiht und lernen auch, sofort auf das warnende Knurren und Zwicken ihrer Eltern zu reagieren. Sie gewöhnen sich allmählich an den Geschmack von Fleisch, indem sie an Knochen knabbern, die ihnen von den Erwachsenen mitgebracht werden. Außerdem lernen sie die Grenzen der territorialen „Rendezvous-Stelle" des Rudels kennen. Dieses Gebiet umfaßt etwa 100 Quadratmeter und dient den Nachkömmlingen als oberirdische Kinderstube, bis sie groß genug sind, um mit den anderen zu jagen.*

LINKS: *Ein junger Grauwolf sitzt in der Nähe der Sommerhöhle an einem Felsufer und übt sich im Heulen. Wenn der Wolf heranwächst, verändert sich auch seine Stimme, aus dem hellen, kurzen Bellen wird ein kehliges, langgezogenes Jaulen.*

GANZ LINKS: *Wolfswelpen werden im allgemeinen von allen Rudelmitgliedern zärtlich und nachsichtig behandelt. Da meist nur ein Paar in einem Rudel Nachkommen zeugt, sehen sämtliche Rudelmitglieder die Kleinen als „ihre" Babys an.*

LINKS: *Der Wolf gehört zu den geselligsten Säugetieren der Erde. Die Rudelmitglieder halten ständig Körperkontakt miteinander. Sie beschnüffeln, lecken und zwicken einander, berühren mit der Schnauze das Fell oder die Schnauze des anderen, messen spielerisch ihre Kräfte, wedeln mit dem Schwanz und ruhen sich gemeinsam aus. Jedes Tier kennt den Geruch der anderen Rudelmitglieder und weiß, welche Stellung sie in der Hierarchie innehaben.*

OBEN: *Heranwachsende Wolfswelpen großzuziehen, ist nicht leicht. Oft helfen alle Rudelmitglieder mit, da es für gewöhnlich nur einen Wurf pro Rudel gibt. Zurückkehrende Erwachsene werden von den Welpen überschwenglich begrüßt. Die Kleinen purzeln und springen wild übereinander, um als erste das Mitbringsel der Alttiere zu erhaschen, hier einen frischen Rehlauf. Abgenagte, auf dem Boden verstreute Knochen sind ein sicherer Hinweis auf die Nähe einer Wolfshöhle.*

RECHTS: *Wenn die Jungen heranwachsen, beginnen sie, ihre Umgebung zu erforschen, und wagen sich immer weiter in die umgebenden Wälder oder Tundragebiete vor. Hier durchquert ein junger Wolf einen Fluß. Ungefähr die Hälfte der Welpen überlebt das erste Lebensjahr nicht. Sie finden durch Kämpfe, Krankheiten, Unerfahrenheit, Jagdverletzungen oder die gelegentlichen Angriffe anderer Raubtiere wie Grizzlys oder Eisbären den Tod.*

OBEN: *Immer wieder wird das Territorium markiert, indem sich die Tiere mit dem Körper an Objekten an den Reviergrenzen reiben oder diese mit Urin bespritzen. Die Grenzen werden für gewöhnlich von fremden Rudeln streng beachtet. Forscher haben beobachtet, wie ein Wolfsrudel ein Reh so lange verfolgte, bis es in das Gebiet eines anderen Rudels hinüberwechselte. Schlagartig war die Jagd zu Ende. Die Wölfe verzichteten lieber auf ihre Beute, als sich mit dem fremden Rudel anzulegen.*

RECHTS: *Ein Alpha-Weibchen markiert einen Baumstamm mit erhobenem Bein, während vier rangniedrige Männchen zusehen. Unabhängig vom Geschlecht urinieren dominante Wölfe immer mit erhobenem Bein, während rangniedrige Wölfe beiderlei Geschlechts eine Hockstellung einnehmen. Einzelgänger und Tiere, die versuchen, möglichst wenig Aggressivität zur Schau zu stellen, nehmen ebenfalls die Hockstellung ein, da dies die Ausbreitung ihres Duftes deutlich vermindert.*

RECHTS: *Dieser einjährige Timberwolf erprobt seine Zähne an dem ausgebleichten Geweih eines Damhirsches. Der Wolf ist jetzt völlig ausgewachsen und bleibt entweder bei seinem Elternrudel oder sondert sich ab und wird zum Einzelgänger, der einsam umherstreift und versucht, sein eigenes Rudel zu gründen.*

OBEN: *Auf einem kargen, windumtosten Bergkamm auf Ellesmere Island in der kanadischen Arktis nimmt ein Rudel Wölfe eine Herde Moschusochsen in Augenschein. Junge Wölfe, die noch unerfahren im Umgang mit gefährlichen Beutetieren wie Hirschen oder Moschusochsen sind, verhalten sich manchmal übereifrig. Moschusochsen sind durchaus in der Lage, einen Wolf mit einem gezielten Stoß oder Tritt zu töten.*

Jagen in freier Wildbahn

Des Wolfes Zahn: Der Räuber prägt sein Opfer

Bei der Jagd verläßt sich ein Wolf zuerst auf seine Nase, dann auf seine Pfoten, und zum Schluß auf seine vier Zentimeter langen Zähne. Ausgestattet mit einem hervorragenden Geruchssinn, der ebenso gut oder noch besser ist als der eines Hundes, kann er selbst auf zweieinhalb Kilometer Entfernung noch die Witterung eines Rehs, Seehundes oder Karibus aufnehmen. Sobald Aussicht auf Beute besteht, versammeln sich die Rudelmitglieder und prüfen den Wind, wedeln aufgeregt mit den Schwänzen und spitzen die Ohren, während sie auf das Signal warten, daß die Jagd beginnen kann. Das Rudel wird meist vom dominanten Alpha-Männchen angeführt und bildet eine disziplinierte Jagdmeute. Ein Wolf nach dem anderen trabt auf genau festgelegten Pfaden dem Führer hinterher, während dieser der Witterung folgt.

Der Jagderfolg eines Wolfsrudels wird meist völlig überschätzt. In Wirklichkeit gehen die „gnadenlosen Killer" in 90 Prozent aller Fälle leer aus. Rehe ergreifen sofort die Flucht, Hirsche machen sich entweder davon oder bleiben stehen und nehmen den Kampf auf, wobei sie ihren Angreifern

VORHERGEHENDE SEITE, LINKS:
Zwei Polarwölfe verfolgen eine Spur, die über einen zugefrorenen See in Alaska führt. Die Territorien der Wölfe sind von einem feinen Netz aus Wanderpfaden durchzogen, auf denen der Schnee gut festgetreten ist. Weggabelungen werden regelmäßig mit Urinspritzern markiert. Viele dieser Routen führen zu beliebten, oft benutzten Beuteplätzen.

VORHERGEHENDE SEITE, RECHTS:
Wenn das Beutetier erlegt ist, streiten sich die Rudelmitglieder häufig. Sie fletschen drohend die Zähne. Mit diesem Verhalten (die schwarzen Lippen zurückgezogen, das gefährliche Gebiß entblößt, Nacken- und Rückenhaare gesträubt) warnt ein Wolf seine Nahrungskonkurrenten, die sich um die Beute versammelt haben, und gibt ihnen unmißverständlich zu verstehen, daß er jeden Moment zubeißen wird.

manchmal durchaus tödliche Wunden zufügen. Moschusochsen formen einen schützenden Kreis aus drohend gesenkten Hörnern und scharfen Hufen um ihre Kälber. In dieser Situation beginnt das Rudel oft, die Beute zu provozieren und zu testen. Es täuscht einen Angriff vor, zieht sich jedoch kurz darauf wieder zurück, um die Reaktion der Beutetiere zu beobachten. Wenn die ganze Herde oder einzelne Tiere fliehen, verfolgt sie das Rudel und versucht, seine Erfolgschancen abzuschätzen. Ein verletzter Hirsch, ein Moschusochsenkalb oder ein alter, durch Krankheit geschwächter Elch bergen das geringste Risiko und stellen die leichteste Beute dar. Ein Wolfsrudel kann seine Opfer mehrere Stunden und Tage lang verfolgen. Dabei legt es sehr weite Strecken zurück, während es geduldig auf den richtigen Moment oder das geeignete Terrain wartet. Auf diese Weise betreibt das Rudel eine Auslese im darwinistischen Sinn, indem es dafür sorgt, daß nur die schnellsten und stärksten Tiere überleben und sich fortpflanzen. Das meinte auch der amerikanische Dichter Robinson Jeffers, als er schrieb: „Nur des Wolfes Zahn formt so fein / der flinken Antilope Bein."

Je nach Beutetier und Terrain wendet das Rudel eine Vielzahl von Jagdstrategien an. Manchmal stellen sich Wölfe genau in Windrichtung vor ihrer Beute auf, um das Tier in einen Hinterhalt zu treiben. Manchmal wird das Beutetier bis zur völligen Erschöpfung gehetzt. Ein anderes Mal umzingelt

LINKS: *Dieser Polarwolf hat einen Schneehasen erbeutet. Die Inseln in Kanadas hohem Norden sind karg und öd, und die meiste Zeit im Jahr ist es hier unvorstellbar kalt. Aufgrund des unwirtlichen Klimas herrscht eine große Knappheit an Beutetieren. Wenn die Wölfe keine Moschusochsen und Karibus finden können, müssen sie sich mit Schneehühnern, Wühlmäusen, Enten, Lemmingen und Kaninchen zufriedengeben.*

das Rudel sein Opfer oder treibt die Herde auf offenes Terrain, wo das verletzlichste Tier ausgewählt werden kann.

Der erste Biß gilt meist dem Kopf, Ohr oder Maul der Beute. Die anderen Rudelmitglieder stürzen sich auf die Läufe, Flanken und Kniesehnen und versuchen, das Tier wehrlos zu machen. Das potentielle Opfer kann den scharfen Zähnen seiner Verfolger vielleicht zunächst entgehen, hinterläßt aber eine Blutspur, die sofort vom Rudel verfolgt wird. Meist stirbt es innerhalb weniger Minuten nach dem ersten Biß. Das geschwächte Opfer gibt den Kampf auf, bricht zusammen und wird von seinen Jägern überwältigt und zerfleischt.

Die großen Mahlzeiten werden häufig durch zufällig entdeckte kleine Leckerbissen wie Schneehühner, Wühlmäuse, Schlangen, sogar Wurzeln, Beeren oder überfahrene Tiere ergänzt. Wölfe sind nicht sehr wählerisch, was ihren Speisezettel angeht. Es gibt allerdings auch Berichte darüber, daß Wölfe manchmal aus reiner Mordlust töten. Wissenschaftler erklären damit die gelegentlichen Übergriffe auf Nutztiere oder den urplötzlich erwachenden Jagdtrieb eines Rudels in Zeiten des Überflusses, der sich unweigerlich in einem Angriff entlädt. Diese Beobachtung hat man auch schon bei Füchsen, Hyänen und Raubmöwen gemacht. Es scheint so, als läge einigen Raubtieren die Lust am Verfolgen und Überwältigen eines Opfers im Blut (ein Zug, den der Mensch zur Perfektion ausgebildet hat) und als ob sie ihre Entladung schließlich in einem kurzen Blutrausch fände. Doch meist führt der Wolf ein scheues Dasein als flüchtiges Schattenwesen, das uns daran erinnert, daß in jedem Raubtier Gewalt schlummert und seine Zähne nicht umsonst so scharf sind.

RECHTS: *Bei einer Untersuchung über das Jagdverhalten von Wölfen auf der Isle Royale im Gebiet des Lake Superior wurde festgestellt, daß ein Wolfsrudel mit Hilfe seines Geruchssinnes und Sehvermögens über 100 Hirsche ausmachte. Den meisten Tieren gelang es, dem Rudel zu entkommen. Nur sieben wurden gefangen.*

VORHERGEHENDE SEITE: *Obwohl man sie jahrhundertelang als Todfeind von Nutztieren gebrandmarkt und verfolgt hat, greifen Wölfe nur selten Vieh oder Schafe an. Sie ziehen wildlebende Beutetiere vor. In einer Untersuchung in British Columbia, die sich über drei Jahre erstreckte, töteten Wölfe pro Jahr im Durchschnitt etwa 200 Nutztiere; zwei Drittel davon waren Kälber und Lämmer. Der durchschnittliche Verlust sämtlicher Farmer und Rancher in British Columbia aufgrund von Übergriffen durch Wölfe betrug 22 000 Dollar pro Jahr.*

OBEN: *Überall in Nordamerika findet man häufig Raben als Begleiter der Wölfe. Sie halten sich in ihrer Nähe auf, weil sie hoffen, von den Überresten der Beutetiere etwas abzubekommen. Man hat sogar beobachtet, wie Raben Wölfe überlisteten. Einige Vögel postieren sich unmittelbar neben den Schnauzen der Wölfe und provozieren sie, von ihrer Beute abzulassen. Andere Raben stürzen sich von oben rasch auf das Beutetier, um Fleischstückchen zu ergattern.*

LINKS: *Die 300 Kilogramm schweren Moschusochsen in Kanadas arktischem Norden sind für Wölfe ernstzunehmende Gegner. Wenn sie sich bedroht fühlen, formieren sie sich zu einem schützenden Kreis und setzen sich mit kräftigen Hörnerstößen und Huftritten gegen die Angreifer zur Wehr. Meist gelingt es dem Wolfsrudel durch Scheinangriffe, Fixieren und Schnappen nach den schutzlosen Flanken der Beute, die Tiere so in Panik zu versetzen, daß sie in wilder Flucht davonstürzen.*

OBEN: *Diese drei Wölfe, die eine Herde Moschusochsen verfolgen, haben eine Strategie. Sie treiben ihre Beute genau auf einen vierten Wolf zu. Das Rudel hat das verwundbarste Tier, das Kalb links, bereits ins Visier genommen. Wenn die Herde auseinanderläuft, werden sich die Wölfe auf das Kalb stürzen und ihre Fänge tief in seinen Kopf, Nacken und Rumpf graben. Es wird sich nicht lange zur Wehr setzen, und die Schnauzen und Läufe der Wölfe werden mit Blut bedeckt sein.*

RECHTS: *Wie in den meisten Teilen Kanadas sind Rehe auch in den Rocky Mountains die wichtigsten Beutetiere der Wölfe. Im Durchschnitt verzehrt ein Rudel jede Woche eine Fleischmenge, die in etwa dem Gewicht eines Rehs entspricht. Im Vergleich dazu entspricht das Gewicht eines Karibus etwa zwei Rehen, während ein Hirsch sogar sechs Rehen gleichkommt.*

LINKS: *Große Beutetiere werden normalerweise vom ganzen Rudel gejagt. Gelegentlich kommt es allerdings auch vor, daß einzelne Wölfe Hirsche und Elche angreifen; besonders im Sommer, wenn die Rudelmitglieder eigene Wege gehen und es Beute im Überfluß gibt. Wölfe ergänzen gelegentlich ihren Speiseplan mit kleinen Tieren, die sie auf ihren täglichen Pirschzügen erbeuten. Hier inspiziert ein Timberwolf gerade einen Biberbau.*

GANZ LINKS: *Zehn Timberwölfe folgen ihrem Anführer im Gänsemarsch durch den tiefen kanadischen Schnee. In der Anfangsphase einer Jagd wird diese militärische Angriffstaktik häufig angewandt. Dabei bildet ein Wolf die Vorhut und legt die Route fest, während das restliche Rudel einträchtig hinterhertrabt. Wenn das Rudel sich der Beute nähert, wird das Tempo beschleunigt. Danach verteilen sich die Wölfe meist und bilden eine bewegliche Phalanx aus Fängen.*

LINKS: *Sieben Grauwölfe machen sich gierig über einen gerissenen Weißwedelhirsch her. Wölfe tragen oft das blutige Mal des Siegers, nachdem sie ihr Opfer ausgeweidet haben. Es ist nicht ungewöhnlich, daß Wölfe bei einer Mahlzeit fast zwölf Kilo Fleisch hinunterschlingen. Diese Menge entspricht etwa einem Drittel ihres Körpergewichts. In Minnesota fraß ein einziges Wolfsrudel einmal innerhalb einer Woche einen 400 Kilogramm schweren Hirsch.*

OBEN: *In einem Fjord an der Küste von Ellesmere Island im Westen Grönlands steht ein Polarwolf auf einer Eisscholle und beobachtet interessiert das Wasser, in der Hoffnung, einen Seehund oder Fisch zu entdecken.*

RECHTS: *Nach der Mahlzeit wird der Durst gestillt. Dabei wird gleichzeitig auch das Blut abgewaschen. Der Wolf ist jetzt satt und kann sich ausruhen.*

LINKS: *In den meisten seiner Verbreitungsgebiete steht der Wolf an der Spitze der Nahrungskette. Er ist der Jäger, nicht der Gejagte. Nach wie vor ist der Mensch sein einziger Todfeind. Er jagt ihn wegen seines Fells, lockt ihn in Fallen oder tötet ihn aus Gründen des Wildschutzes. Da der Wolf seine Beute vor allem mit seiner ausgezeichneten Nase ortet, bemerken viele seiner Opfer das Herannahen des lautlosen Jägers mit den gelben Augen gar nicht.*

OBEN: *Von dem Moschusochsen ist außer Rippen und Hörnern kaum noch etwas übriggeblieben. Die beiden Wölfe auf dem Bergkamm von Ellesmere Island werden die Knochen so lange abnagen, bis auch die letzten Fleischfasern verschwunden sind.*

LINKS: *Wölfe gelten zwar als unersättliche Raubtiere, sind jedoch in Wirklichkeit fast immer hungrig. Da ihr Jagderfolg lediglich zehn Prozent beträgt, sind sie gezwungen, rastlos auf der Suche nach Beute umherzustreifen, in der Hoffnung, sich einem ahnungslosen Reh oder Kaninchen gegen den Wind zu nähern. Forscher folgten ein Jahr lang einem Wolf, der mit Halsband mit Peilsender markiert war. Sie stellten fest, daß er auf seinen Wanderungen ein Gebiet von 5000 Quadratkilometern abdeckte.*

LINKS: *Wölfe können beim Verfolgen ihrer Beute eine unglaubliche Geschwindigkeit entwickeln. Die Hetzjagd dauert normalerweise selten länger als ein paar Minuten. Viele Tiere entkommen ihren Angreifern, doch Wölfe verfügen über eine schier ungeheure Geduld und Ausdauer. Die Rudelmitglieder wechseln sich so lange ab, bis das Opfer erschöpft zusammenbricht.*

OBEN: *Dieser zehn Monate alte Wolf hat gemeinsam mit seinem Rudel einen Weißwedelhirsch erlegt. Nachdem jedes Rudelmitglied gefressen hat (wobei die rangniedrigen Tiere meist erst ganz zum Schluß an die Reihe kommen), gönnen sich die Tiere oft ein kleines Nickerchen, um sich von den Strapazen der Jagd und dem darauffolgenden Festmahl zu erholen.*

EPILOG

DIE WIEDERKEHR DER WÖLFE: DIE WILDNIS WIRD ZURÜCKEROBERT

Vor 100 Jahren war der Wolf überall im westlichen Nordamerika vom Aussterben bedroht. In der östlichen Hälfte des Kontinents war er bereits völlig ausgerottet. 1894 brachte der Naturschriftsteller Ernest Thompson Seton den „Currumpaw Wolf" aus New Mexico und seine Gefährtin „Blanca" zur Strecke. In seinem Buch „Lobo, King of the Currumpaw" beschreibt er, wie er die beiden erlegte. Es ist ein Beispiel für das millionenfache tragische Abschlachten der Wölfe in den USA und Kanada. Drei Jahre später vollendete der Naturmaler Frederic Remington sein Gemälde „Moonlight Wolf". Das Bild zeigt einen einsamen Great Plains Wolf, eine Untergruppe, die bereits wenige Jahre später ausgestorben war. Überall im Westen erschossen, vergifteten und fingen Prämienjäger (im Fachjargon wurden diese Männer „Wolfers" genannt) mit Hilfe von Fallen und Schlingen so gut wie jeden Wolf im westlichen Teil der Vereinigten Staaten. Überall, wo die Wölfe zu entkommen drohten, sammelten sich kleine Truppen dieser „Wolfers". „Three Toes", der letzte Wolf in South Dakota, der seinen Namen der Tatsache verdankte, daß er sich nur unter Verlust seiner halben Pfote aus

VORHERGEHENDE SEITE, LINKS:
Obwohl Hundebesitzer dies wahrscheinlich abstreiten werden, spricht viel dafür, daß der Wolf dem Hund an Intelligenz überlegen ist. Über 1000 Generationen trennen die heutigen Wölfe von den ersten domestizierten Hunden. Der Preis, den der Hund für das enge Zusammenleben mit dem Menschen bezahlt hat, ist der Verlust seiner Fähigkeit, sich nur mit Hilfe seiner Intelligenz in freier Natur zurechtzufinden.

VORHERGEHENDE SEITE, RECHTS:
Dieser Grauwolf, einer der schätzungsweise 6000 Wölfe in Alaska, jagt zwischen den Weiden des Denali Nationalparks nach Beute. Mitte der 90er Jahre wurden in dem Gebiet südlich des Parks noch unzählige Wölfe erlegt. Diese Tötungsaktion war Teil eines umstrittenen staatlichen Abschußprogramms, das darauf abzielte, den Karibubestand in Alaska nach mehreren harten Wintern wieder zu stärken.

einem Fangeisen befreien konnte, wurde 1925 getötet, nachdem ihn 150 Männer verfolgt hatten, die es alle auf die als Belohnung ausgesetzte goldene Uhr abgesehen hatten.

Erst in den 60er Jahren dieses Jahrhunderts begann sich ein Wandel abzuzeichnen. Doch inzwischen waren einige Untergruppen bereits ausgerottet und andere standen kurz vor dem Aussterben. In den 48 amerikanischen Festlandstaaten suchten Wissenschaftler nach Wölfen, konnten jedoch mit Ausnahme von Nordminnesota nirgends mehr Wölfe finden. 1962 schrieb der kanadische Schriftsteller Farley Mowat sein bahnbrechendes Buch „Never Cry Wolf", einen fiktiven Bericht über das Leben unter Wölfen. (Die deutsche Übersetzung „Ein Sommer mit Wölfen" erschien 1971.) Das Buch erschien genau zu dem Zeitpunkt, als die Umweltschutzbewegung einsetzte und die Öffentlichkeit langsam zu begreifen begann, daß der Mensch durch sein rücksichtsloses Verhalten und seine massive Umweltverschmutzung ganze Gattungen und Ökosysteme bedrohte.

Innerhalb weniger Jahre erließen die Regierungen, die zuvor 40 Dollar für jeden erlegten Wolf bezahlt hatten, Gesetze zum Schutz der bedrohten Tierarten, um den Wolf und seinen Lebensraum zu retten. Mitte der 70er Jahre wurden einige der wenigen Überlebenden der meistgefährdeten Wolfsarten (der Rotwolf, der Mexikanische Wolf und der Rocky Mountain Wolf) eingefangen, um sie in Gefan-

LINKS: *Die einzigen Wölfe, die das 300 Jahre währende Abschlachten in den Vereinigten Staaten überlebten, zogen sich in die seenreiche Wildnis im Norden Minnesotas zurück. Heute machen die etwa 1200 dort lebenden Wölfe ungefähr 90 Prozent der Wolfspopulation südlich der kanadischen Grenze aus. Hier watet ein Timberwolf im herbstlichen Minnesota in einen Bach, um zu trinken.*

genschaft nachzuzüchten. Doch spätere Versuche, die gefangenen Wölfe im amerikanischen Südosten und in den Wäldern der Rocky Mountains wieder anzusiedeln, waren nicht sonderlich erfolgreich. Auch im Westen nimmt die Wolfspopulation inzwischen wieder zu, weil sich die freilebenden Wölfe im Norden der Staaten Washington, Idaho, Montana und South Dakota vermehren konnten.

Diese positive Entwicklung wurde durch die wachsende Erkenntnis gefördert, daß nicht nur Beutetierpopulationen, sondern auch Raubtierpopulationen ökologisch wichtig sind. Zahlreiche neue Forschungsprojekte, Fernsehdokumentationen und Bücher über das Leben der Wölfe haben zu einem neuen, positiven Bild dieses Tieres geführt, das so lange zu Unrecht verteufelt wurde. Positiv beeinflußt wurde das veränderte Wolfsbild auch von so bekannten Werken wie der Filmversion von „Never Cry Wolf" aus dem Jahre 1982, dem mit mehreren Oscars ausgezeichneten Spielfilm „Der mit dem Wolf tanzt", und dem ungeheuer populären Buch „Die Wolfsfrau" aus dem Jahre 1992, das von den mythischen Elementen in der Entwicklung der Frau handelt. Heute bevölkert der Wolf nicht mehr die Alptraumwelt unserer alten, irrationalen Ängste. Man sieht in ihm nicht länger eine Bestie, die es auszurotten gilt, sondern vielmehr ein Symbol für die Gefährdung und Schutzbedürftigkeit der Natur Nordamerikas und die Schönheit der ungezähmten wilden Kreatur.

LINKS: *Ein junger Timberwolf hat sich während eines Sturms auf den Boden gelegt. Sein schwarzes Fell ist mit Schneeflocken bedeckt. Wölfe schlafen auch bei bitterster Kälte im Freien. Ihre Höhlen benutzen sie nur während des Frühlings, wenn sie ihre Jungen werfen und aufziehen.*

LINKS: *Der gefährdete Rotwolf, der nur noch im tiefsten Süden der Vereinigten Staaten vorkommt, ist kleiner, leichter und zierlicher als der Grauwolf. Er bevorzugt Sumpfgebiete, Kiefernwälder und Prärieregionen. Seit kurzem versucht man, dieses Tier durch gezielte Fortpflanzung in Gefangenschaft vor dem Aussterben zu bewahren und in den Bergregionen im östlichen Tennessee, auf den Inseln South Carolinas und in den Tieflandgebieten der Golfstaaten wieder einzubürgern.*

OBEN: *Der Schädel eines Raubtiers besitzt eine grausame Schönheit. Die entblößten glattpolierten Knochen und scharfen Zähne bieten einen faszinierenden Anblick. An diesem Schädel eines Timberwolfes sind noch einige der 42 Zähne zu sehen, vor allem die imposanten langen Reißzähne und die abgeflachten Backenzähne, mit denen die Knochen zerkleinert und die Fleischbrocken herausgerissen werden.*

OBEN: *Von seinem Aussichtspunkt hoch oben auf einem Eisberg an der Küste von Ellesmere Island im Norden Kanadas blickt ein Polarwolf hinunter auf eine zugefrorene Seenlandschaft in der eisigen Tundra. Mit Hilfe seines hervorragenden Sehvermögens und Geruchssinnes kann der Wolf ein Beutetier bereits ausmachen, lange bevor es auch nur ahnt, daß es entdeckt worden ist.*

RECHTS: *Wölfe heulen nur selten allein. Meistens heult das Rudel gemeinsam, um einen erfolgreichen Beutezug zu feiern, fremden Wölfen in der Umgebung des Territoriums zu signalisieren, daß sie sich zu nahe herangewagt haben, oder um verirrten Rudelmitgliedern den Weg zu weisen. Rudelmitglieder kennen das Heulen ihres Rudels genau. Und andere Rudel ziehen sich sofort zurück, wenn in ihrer Nähe der Chorgesang eines fremden Rudels ertönt.*

LITERATURHINWEISE

Brandenburg, Jim: *Bruder Wolf. Das vergessene Versprechen.* Steinfurt 1996

Ders.: *White Wolf: Living with an Arctic Legend.* Minocqua, Wisconsin 1988

DeBlieu, Jan: *Meant to Be Wild: The Struggle to Save Endangered Species Through Captive Breeding.* Golden, Colorado 1991

Despain, D. et al.: *Wildlife in Transition: Man and Nature on Yellowstone's Northern Range.* Boulder 1986

Estés, Clarissa Pinkola: *Die Wolfsfrau.* München 1993

Hasselstrom, Linda: *Land Circle: Writings Collected from the Land.* Golden, Colorado 1992

Hoagland, Edward: *Red Wolves and Black Bears.* New York 1976

Lawrence, R.D.: *Auf der Spur der Wölfe.* München 1994

Ders.: *In Praise of Wolves.* New York 1986

Lopez, Barry Holstun: *Of Wolves and Men.* New York 1978

Mech, L. David: *Der Weiße Wolf.* München 1990

Ders.: *Auf der Fährte der Wölfe.* München 1992

Mowat, Farley: *Never Cry Wolf.* Toronto S. 1962 (Übersetzung: *Ein Sommer mit Wölfen,* Balve 1971)

Murray, John A.: *Wildlife in Peril: The Endangered Mammals of Colorado.* Boulder 1987

Ders. (Hrsg.): *Out Among the Wolves: Contemporary Writings on the Wolf.* Vancouver 1993

O'Brien, Dan: *Spirit of the Hills.* New York 1988

Okarma, Henryk: *Der Wolf. Ökologie, Verhalten, Schutz.* Berlin 1997

Peterson, Rolf: *Wolf Ecology and Prey Relationships on Isle Royale.* National Park Service Scientific Monograph Series 11, 1977.

Savage, Arthur und Candace Savage: *Wild Mammals of Western Canada.* Saskatoon 1981

Savage, Candace: *Wolves.* Vancouver 1988

Seton, Ernest Thompson: *Lives of Game Animals.* New York 1929

Young, S.P.: *The Wolf in North American History.* Caldwell, Idaho 1946

Zimen, Erik: *Der Wolf: Verhalten, Ökologie und Mythos.* München 1990

REGISTER

BILDNACHWEIS

Jim Brandenburg/Minden Pictures 10-11, 34, 69, 72-73, 79, 86, 89, 96-97, 102

Tim Christie 1, 4-5, 24, 26-27, 28, 36, 55, 68, 95

Daniel Cox 20-21, 32-33, 42-43, 46-47, 49, 50-51, 56, 58-59, 61, 64-65, 71, 74-75, 80-81, 90-91

Dawn Goss/First Light 39

Stephen Homer/First Light 29

Thomas Kitchin/First Light 6, 12, 17, 23, 31, 62, 83, 84-85, 87, 94, 101

Aubrey Lang 38

Scott Leslie/First Light 14-15

Peter McLeod/First Light x, 8-9, 35, 45, 48, 53, 54, 57, 60, 63, 67, 77, 93, 103

L. David Mech 52, 78

Rolf Peterson 82

Lynn M. Stone vi-vii, 2-3, 22, 25, 30, 37, 40-41, 66, 70, 76, 88, 92, 98-99, 100